国家出版基金项目
NATIONAL PUBLICATION FOUNDATION

这就是中国·中国探月 **丛书**

探月工程科普绘本

飞吧，嫦娥

张智慧　郑永春　著

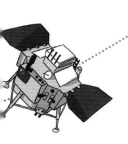

SJ 北京时代华文书局

你一定听说过嫦娥奔月的传说吧？古时候的人们只能通过想象来表达对月亮的向往。在这个神话流传了两千多年后，嫦娥奔月在中华大地终于变成了现实，一颗颗以"嫦娥"命名的探测器真的飞向了月球。故事要从这里说起……

玉兔笔记

嫦娥姐姐带带我

关键词：嫦娥探测器

想一想：

探测器是什么？

怎么飞到月球去呢？

3

在中国四川省西南部的安宁河谷地区，有一座美丽的小城，古称邛都，今称西昌。天气晴好的夜晚，月亮在这里显得分外明亮皎洁。从古代起，这里就是赏月圣地。因此，西昌又被称为月城。

西昌市向北 50 多公里，是著名的大凉山深处。这里距离赤道近，地势高，气象条件稳定，晴天多，几乎没有雾天。并且，这里的地质结构非常稳定，山谷里平坦开阔，特别适合航天发射。因此，人们在这里建设了一座航天发射场。"嫦娥"家族一共有四个探测器从这里飞向了月球。从此，"月城"就更加名副其实了。

玉兔笔记

西昌卫星发射中心

坐标：西昌卫星发射中心
纬度：北纬 28.2 度
海拔：>1500 米
年平均气温：18℃
晴天：>300 天
空气质量：优
想一想：为什么距离赤道近更有
利于航天发射呢？

说起"嫦娥"探测器家族，就要聊聊中国探月计划的诞生。

为了探索神秘的太空，人们研制了火箭，并制造出了人造地球卫星、载人飞船、深空探测器等各种航天器，它们是人类认识宇宙的"眼睛"和"耳朵"。通过它们，人类一步步揭开众多太空之谜。

月球探测器，顾名思义，就是人类为了探测月球，送到月球去的航天器。二十世纪五六十年代，当时世界上最强的两个超级大国——苏联和美国，开始了一场从地面到太空的军备竞赛。结果，苏联率先把人送上了太空，还向月球发射了很多探测器，美国紧随其后并后来居上，抢在苏联前面把人送上了月球。

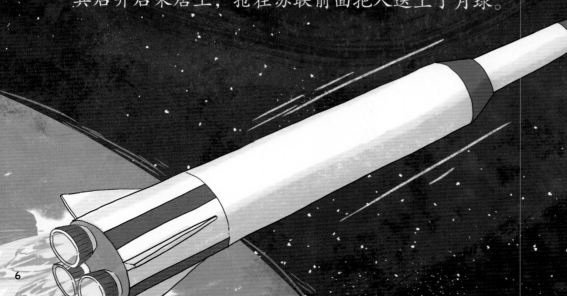

中国的航天专家们怀着建设世界航天强国的梦想，制定了中国人探索月球的长远规划。

玉兔笔记

神奇的航天器

关键词：探测器　航天器

航天器：人类发射到太空的飞行器。

第一个进入太空的人：苏联的加加林。

第一个登上月球的人：美国的阿姆斯特朗。

大概是嫦娥奔月的传说太深入人心了，于是，中国的探月计划就被命名为"嫦娥工程"。它包括"绕""落""回"三步。简单说来，"绕"就是要实现探测器环绕月球飞行，对月球进行远距离遥感观测；"落"就是要将探测器落在月球表面，进行近距离的巡视探测；"回"就是要在月球表面采集样本并送回地球进行研究。

别看这简单的三个字，可是包含了很多高精尖的技术和科学，中国的科技工作者们付出了很多心血和智慧呢。

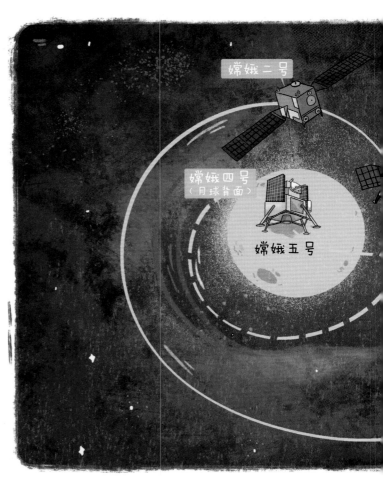

嫦娥二号

嫦娥四号（月球背面）

嫦娥五号

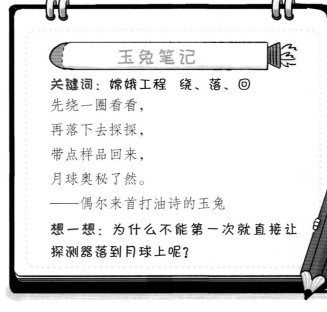

玉兔笔记

关键词：嫦娥工程　绕、落、回

先绕一圈看看，
再落下去探探，
带点样品回来，
月球奥秘了然。

——偶尔来首打油诗的玉兔

想一想：为什么不能第一次就直接让探测器落到月球上呢？

根据航天专家们的规划，嫦娥家族的"大姐"——嫦娥一号卫星的任务，就是要实现"绕"的目标。嫦娥二号不仅要"绕"，还要为"落"找到位置、踩好点儿。同样是飞往月球，它们的运载火箭不同，走的路线——也就是轨道也不一样哟。

长征三号甲

身高：52.52 米

体形：三级火箭，无助推器

起飞质量：244 吨

长征三号丙

身高：54.84 米

体形：三级火箭，有两个助推器

起飞质量：345 吨

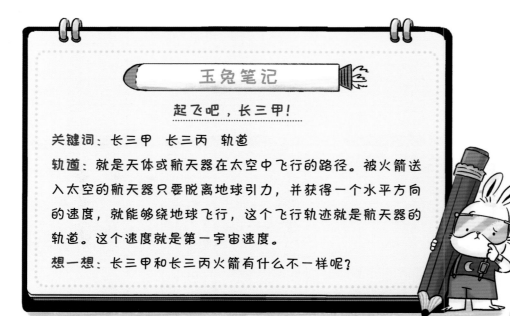

玉兔笔记

起飞吧，长三甲！

关键词：长三甲　长三丙　轨道

轨道：就是天体或航天器在太空中飞行的路径。被火箭送入太空的航天器只要脱离地球引力，并获得一个水平方向的速度，就能够绕地球飞行，这个飞行轨迹就是航天器的轨道。这个速度就是第一宇宙速度。

想一想：长三甲和长三丙火箭有什么不一样呢？

嫦娥一号发射后，恋恋不舍地在围绕地球的三层轨道上不断加速，然后进入一条最节省燃料的奔月轨道。而嫦娥二号则开启了一条"一步到位"的奔月之旅——凭借长征三号丙运载火箭的巨大推力和不同的轨道设计，嫦娥二号发射后并没有在地球周围停留，它直接进入地月转移轨道，相比嫦娥一号的12天辛苦奔月之旅，嫦娥二号就轻松多了，它只用5天就抵达了月球，这条奔月快车道不仅节省了时间，还为嫦娥二号节省了大量的燃料。

嫦娥一号轨道示意图

嫦娥二号轨道示意图

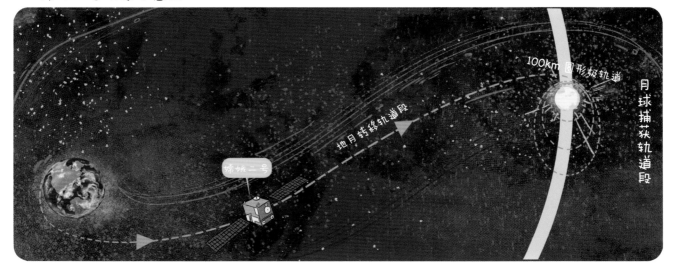

到了月球附近，逐渐进入月球的引力场。这时候，需要踩一脚"刹车"，也就是减速，嫦娥探测器才能成功被月球的引力捕获从而进入环绕月球的轨道。这一脚刹车非常重要，力度轻，探测器就会与月球擦肩而过，从此浪迹宇宙；力度太大，探测器就会撞向月球，玉石俱焚。

北 京 航 天 飞 行

为了安全起见，北京飞控中心轨道团队的专家们进行了精确的计算，在他们的精准控制下，嫦娥一号和嫦娥二号的"刹车"都进行得很完美，精准进入月球轨道，然后逐渐降落到它们开展探测所需要的轨道高度上。

玉兔笔记

关键的一脚刹车

万里奔月急匆匆，
一脚刹车减速猛。
不轻不重刚刚好，
嫦娥才能绕月行。

——玉兔的第二首打油诗

北京飞控中心：即北京航天飞行控制中心，是中国探月任务的主要任务控制中心，嫦娥探测器在飞行中的指令都是从这里发出的。

13

嫦娥一号在距离月面约200公里的近圆轨道上工作。它对着月球表面开始详细扫描。瞧，右图就是嫦娥一号传回来的第一张月球的"玉照"。怎么样？月球跟你想象的样子一样吗？

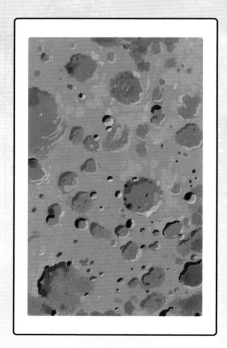

嫦娥一号在月球上方飞行了494天之后，圆满完成了各项使命。最后，在北京飞控中心的控制下，嫦娥一号撞向月球，撞击点位于月球正面的丰富海。

一年后，利用嫦娥一号辛勤拍摄的数据，经过拼接、校正等各种处理之后，科学家制作完成了中国第一幅全月球影像图（下图）。这在当时，是世界上已公布的全月球影像图中最完整的一幅影像图。这下，你能分清楚月陆和月海了吧？

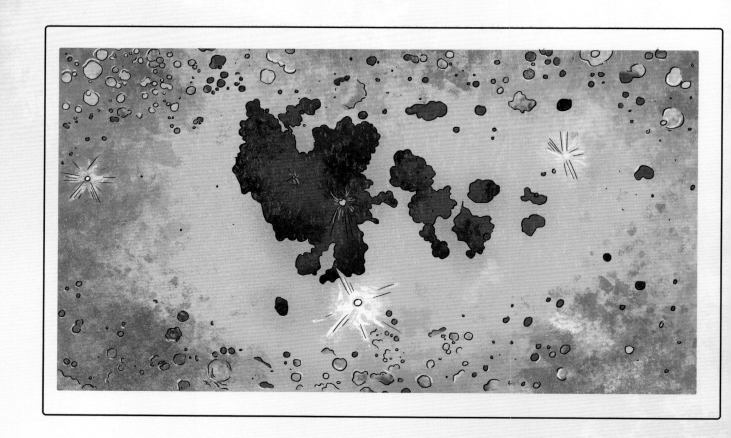

丰富海

3 撞击

2 下落

1 减速

玉兔笔记

首战告捷的嫦娥一号了不起!

想一想:科学家们为什么要让嫦娥一号
在任务结束后撞向月球呢?

A. 怕被外星人抢走

B. 撞月可以获得更多探测数据

C. 它坏了,只能撞到月球上

嫦娥家族的"二姐"嫦娥二号卫星原本是嫦娥一号的备份。嫦娥二号的一项重要任务是为未来降落月球的嫦娥三号和玉兔月球车探路。

嫦娥二号飞到雨海西北角的虹湾地区，这是"三姐"嫦娥三号未来将要降落的地方。它把轨道降低到离月球表面只有15千米的地方，利用自身携带的更高清的照相机，细细打量每一个角落，为科学家提供了分辨率达到约1米的地形影像。通过嫦娥二号的工作，科学家们获得了7米分辨率的全月球图像，而且还是三维立体图像哟。

玉兔笔记

探路者嫦娥二号

关键词：虹湾　雨海　三维图像

虹湾：在月球雨海的西北角，有一片平原，它东西长 300 多公里，南北宽约 100 公里，形似一条彩虹，因此叫作虹湾。嫦娥三号的着陆点就选在了这里。

来来，我给月球上的撞击坑拍个照。

由于奔月轨道设计非常精准，嫦娥二号在旅途当中，节省下来大量原本用于调姿、变轨及提速的燃料。现在，嫦娥二号150天的绕月探测任务已经结束了，该让它去哪儿呢？科学家们讨论后最终决定：让嫦娥二号飞离月球，到更远的地方去探索。于是，它先是飞往太阳与地球的一个引力平衡点——拉格朗日L2点驻留，进行科学探测。然后，它又向一颗神奇的小行星飞去……再见了，月球！

太阳

地

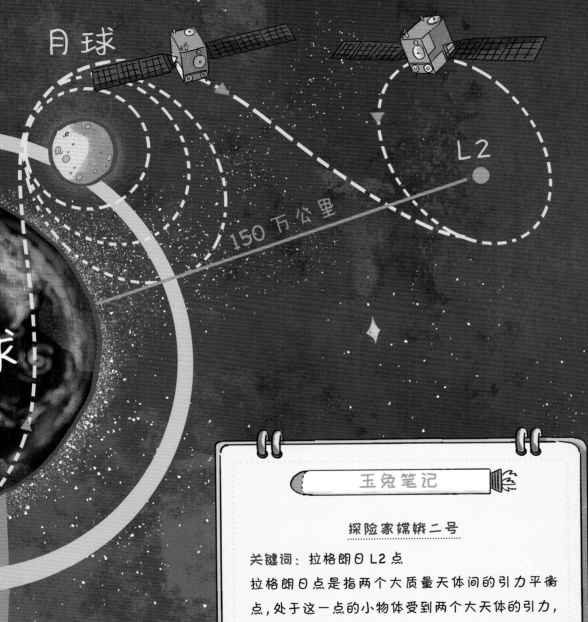

月球

150万公里

L2

玉兔笔记

探险家嫦娥二号

关键词：拉格朗日 L2 点

拉格朗日点是指两个大质量天体间的引力平衡点，处于这一点的小物体受到两个大天体的引力，保持相对平衡。

地日拉格朗日 L2 点位于太阳与地球连线的延长线上，距离地球外侧约 150 万公里处。

想一想：为什么不让嫦娥二号再次撞击月球呢？

在北欧的凯尔特神话中，有一位战神的名字叫作图塔帝斯。1989 年，一位法国天文学家用它命名了一颗游荡在太阳系中的小行星。这位天文学家也许不会想到，揭开"战神"小行星真面目的，居然是来自中国的嫦娥二号。这颗小行星个头儿不大，长度只有 4 千米，但已经是对地球有潜在威胁的最大个的小行星了。它曾经在距离地球 690 万公里的地方，以时速 3.5 万公里掠过。因为它曾几次接近地球，所以被列入对地球有潜在威胁的小行星名单。

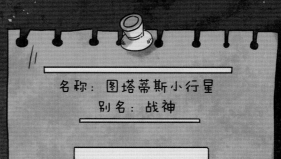

名称：图塔蒂斯小行星

别名：战神

长度：4 千米
外形：酷似花生
几次接近地球，对地球有潜在威胁

玉兔笔记

给战神拍照

关键词：图塔蒂斯
身材： 长约 4 千米，宽 2 千米，偏瘦长
地球"克星"黑名单：

阿波菲斯
图塔蒂斯

······ ······

想一想： 万一有小行星真的撞到了地球，人类会怎么样？

嫦娥二号的下一个目标就是"战神"！在远离地球700万公里的地方，嫦娥二号将从图塔蒂斯小行星旁边近距离飞过。为了能够抓住这一瞬间，嫦娥二号早就做好了准备，提前打开相机，对准前方漆黑的太空。突然，一个长得像花生一样的家伙，悄无声息地跃入视野，向嫦娥二号快速飞来。它们之间的最近距离不到900米！好险！就在与"战神"擦身而过的55秒钟内，嫦娥二号连续拍照，"咔嚓咔嚓咔嚓……"，一连拍下了11张图片。这是人类有史以来第一次拍摄到这颗小行星的样子。

　　嫦娥二号，好样的！

700万公里

玉兔笔记

战神摄影师

像花生？我怎么觉得更像一块姜呢？

颂嫦娥二号

为探奥秘去远航，
宇宙孤身独徜徉。
不负众望连拍照，
原来战神是块姜。
（请用《女驸马》的黄梅调哼唱）
——玉兔的第三首打油诗

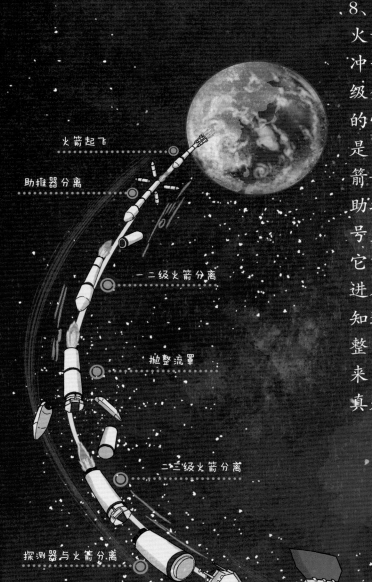

火箭起飞

助推器分离

一二级火箭分离

抛整流罩

二三级火箭分离

探测器与火箭分离

探测器太阳帆板展开

轨道修正

轨道修正

2013 年的一个冬夜，凌晨一点半，嫦娥三号要出发了。10、9、8、7……3、2、1，点火、起飞……火箭从西昌的山谷中呼啸而起，直冲云霄。在巨大轰鸣声中，火箭逐级分离，不断加速，直到挣脱地球的怀抱。这一次送嫦娥三号出征的是长征三号家族中推力最大的火箭——长征三号乙。长三乙有四个助推器，强大的推力足以让嫦娥三号直接进入地月转移轨道。5 天后，它靠近月球，只踩了一脚刹车，就进入了 100 公里圆形绕月轨道。要知道，"大姐"和"二姐"都是调整了几次才成功进入圆轨道的。看来，中国的探测器驾驶员们的技术真是越来越熟练了！

玉兔笔记

助推嫦娥三号的大力士

长三乙小档案

姓名：长三乙

身高：56.326 米

起飞质量：458.97 吨

推力：1500N 到 7500N 连续可变

助推器：四个，装备新型变推力发动机

想一想：为什么需要大力士长三乙出马呢？

（答案在后面哟）

环月段（轨道高度100公里）

环月段（近月点高度 15 公里，远月点高度 100 公里）

嫦娥三号的任务是：落月！所以，接下来它要进行降轨，并飞到预定着陆点的上空轨道上。还记得"二姐"为它提前勘探好的着陆点吗？那就是位于月球正面雨海平原西北部一个叫作虹湾的地方。这里大部分是平地，航天器容易着陆，纬度不高，太阳能充足，并且在月球正面，也便于通信。

嫦娥三号抵达月球的时候，还不在虹湾的上空，还需要调整轨道。另外，虹湾当时正值月夜，温度太低，光照条件不好，嫦娥三号无法降落。所以，它要耐心在月球上空多等几天。

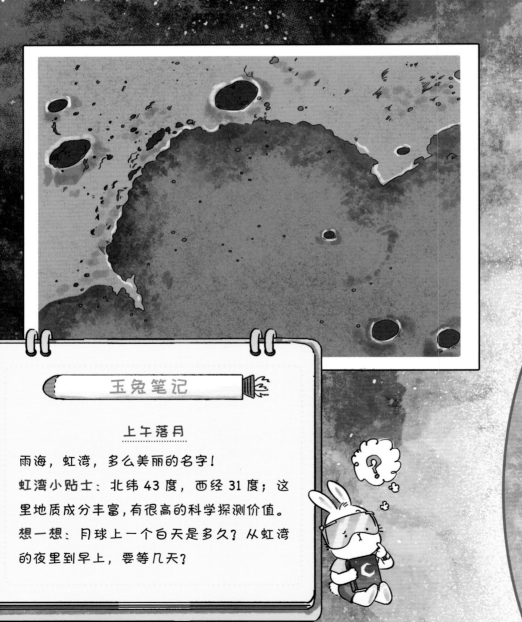

玉兔笔记

上午落月

雨海，虹湾，多么美丽的名字！

虹湾小贴士：北纬 43 度，西经 31 度；这里地质成分丰富，有很高的科学探测价值。

想一想：月球上一个白天是多久？从虹湾的夜里到早上，要等几天？

虹湾地区

在几人寻得之石，嫦娥三号降落的最佳时机终于到来。嫦娥三号要安全落月，首先要找准着陆点，着陆处一定要平坦，不能有大坑，也不能有大石块，小土坡也不行；其次是要有足够慢的速度，太快了轻则撞个狗啃泥，重则会被摔得粉身碎骨。所以，从 15 公里高度开始，嫦娥三号逐步减速并调整姿态，当它飞到离月球表面约 100 米高处时，先悬停，然后通过下方安装的降落相机和激光测距仪，及时快速获得地形信息，如果下面有大坑或者石头，

着陆准备轨道
15000 米

主减速

3000 米
快速调整
2400 米

粗避障

100 米
精避障

30 米
缓速下降

4 米
自由落体

它就会缓速下降保成功。需要挪个地方，它就会平移位置，再探测，直到确信地面平坦。之后，在反推发动机的作用下慢慢下降，直到离月面4米高时再度悬停，然后关掉发动机，以自由落体的方式安全降落月面。

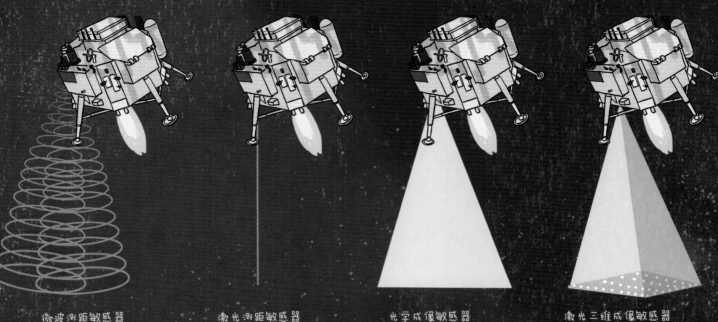

微波测距敏感器　　　　激光测距敏感器　　　　光学成像敏感器　　　　激光三维成像敏感器

玉兔笔记

惊心动魄的720秒

嫦娥落月六步走，步步惊心环环扣。
先减速，后调整，再接近，稍悬停。
要避障，别慌张，缓速下降保成功。
悄无声息落月面，此处应该有掌声。

历时12分钟，嫦娥三号"软着陆"成功！

想一想：嫦娥三号从4米高处以自由落体的方式落到月球表面，为什么不会被摔坏呢？

终于落地了！现在，一起来认识一下智能的嫦娥三号吧。比起两个"姐姐"，它的样子变了。不仅变大了，体重也变重了很多——比"二姐"足足重了3倍多呢。这是为什么呢？原来，相比两个"姐姐"，嫦娥三号已经不再是一颗单纯的卫星了。首先，它是一个着陆器，所以增加了四条腿。这四条腿可不是一般的腿，学名叫作"着陆缓冲机构"，能够缓冲着陆瞬间所产生的冲击力。仔细看，每条腿还有两个支撑的副腿，副腿在着陆前推开主腿并锁定，着陆时它们一起起到支撑和缓冲作用。再仔细看，每条腿的端部还有一个盆状的"大脚掌"。这个"大脚掌"直接与月球表面接触，可以让嫦娥三号在着陆时站得更稳而不会倾倒哟。为了实现软着陆，它带了反推火箭、降落相机和激光测距仪三个"助手"，还携带了更多的科学载荷,科学探索的使命更加重大。变推力反推发动机能够很好地抵消月球引力，控制它的下降速度；高精度测距仪可以随时准确测定它与月表的距离；

天线

极紫外线相机

月基天文望远镜

太阳帆板

着陆缓冲机构

姿势推力器

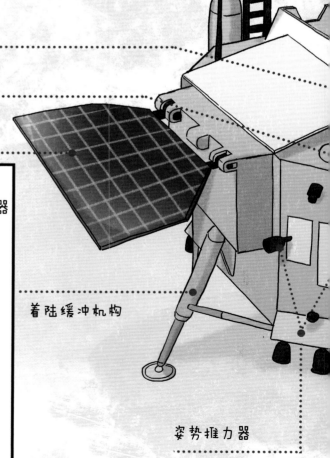

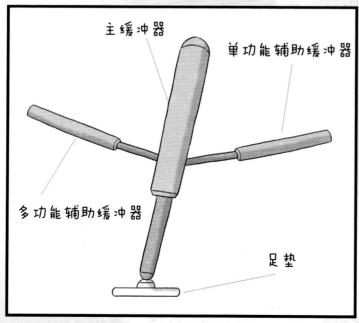

主缓冲器

单功能辅助缓冲器

多功能辅助缓冲器

足垫

激光三维成像系统可以及时告诉它下方的着陆点是否平坦。当然，它怀里还藏着一个更大的秘密。

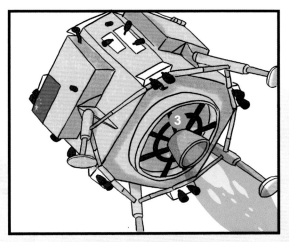

3 变推力反推发动机（能够很好地抵消月球引力，控制它的下降速度）

巡视器释放机构

地形地貌相机

定向天线

测控天线

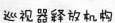
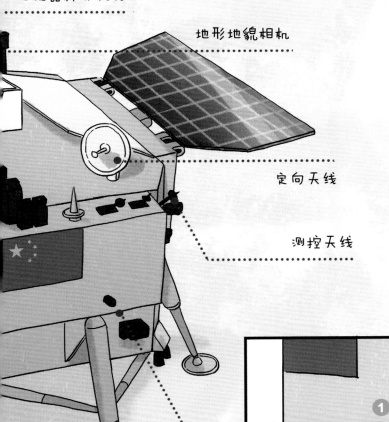

玉兔笔记
嫦娥三号小档案

姓名：嫦娥三号
自身重量：1220 千克
起飞重量：3780 千克
发射时间：2013 年 12 月 2 日
登月时间：2013 年 12 月 14 日
嫦娥三号成功着陆月球，标志中国成为继苏联、美国之后第三个实现月球软着陆的国家。
怀里藏的什么？快来看看吧！

1 高精度测距仪（可以随时准确测定它与月表的距离）

2 激光三维成像系统（可以及时告诉它下方的着陆点是否平坦）

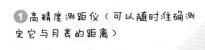

这个秘密就是玉兔号月球车！嫦娥三号抵达月球的第一件事，就是将抱在怀里的"玉兔"释放出来。玉兔是中国科学家研制的第一辆月球车，学名叫"月面巡视探测器"，是中国第一个在外星球巡视勘察的机器人。瞧，它张开太阳帆板伸了个懒腰，伸出头顶的桅杆打量了一下周围，然后优雅地沿着嫦娥三号为它搭建的扶梯缓缓走出"三姐"的怀抱，一点点走上未知的月面。

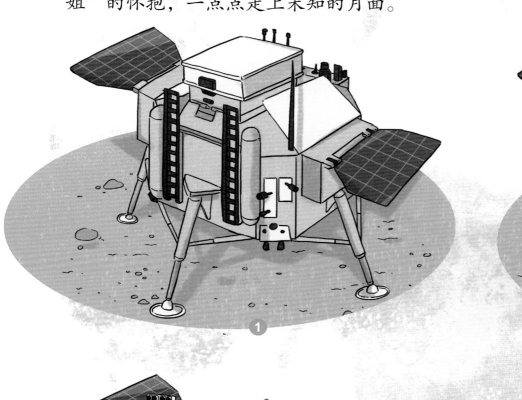

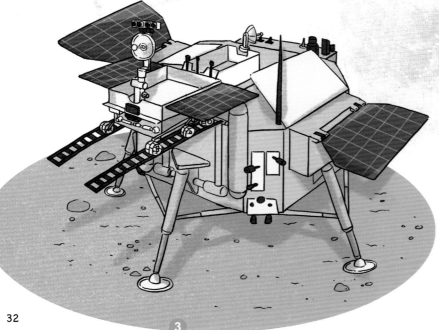

玉兔笔记

"我"来了!

好激动,以我的名字命名的月球车终于出现了。终于轮到"我"闪亮出场了!

玉兔小档案:

长 1.5 米,宽 1 米,高 1.1 米。

重 140 千克,有 6 个轮子,周身银光闪闪,帅气逼人。

我可以爬 20 度的坡,翻越 20 厘米高的土坡。厉害不?给我点个赞吧!

在它面前，是一个全新的月球世界。玉兔向前走了一段，然后停下来，在距离嫦娥三号大概 10 米的位置，转过身，摆好姿势！嫦娥三号趁机给玉兔拍了一张靓照。瞧，玉兔身上那面五星红旗多么鲜艳醒目。它可骄傲了！要知道，嫦娥三号是中国第一个着陆月球的探测器；玉兔，是中国第一个在月球上行走的月球车。它和嫦娥三号代表着中国的骄傲。当然，玉兔也为嫦娥三号拍摄了一张高清彩照。这可不仅仅是月球打卡哟，拍照也是一种"体检"的方式，拍照并下传成功，说明它们各方面功能正常。接下来，就该全身心投入工作了。

玉兔笔记

拍照吧！

我骄傲！
我是第一只抵达月球的"中国兔"！
来，三姐，来一张，再来一张。
咳咳，别玩得太忘我了，该工作了！

科学家们为它们布置了三项作业：观天、看地、巡月。为了完成这些作业，它们随身携带了很多科学仪器。比如嫦娥三号身上的**月基天文望远镜**是为了完成观天的任务，由于月球自转较慢，可以长时间观测同一个天体的变化，同时，没有大气反射，也可以观测到紫外波段的天体，趁着这个机会，为月球北极上空的星星做个"星口"普查吧；**极紫外相机**的任务是看地球，对地球周围的等离子层进行成像探测；玉兔号月球车上的**测月雷达**是要获取月壤层30米和

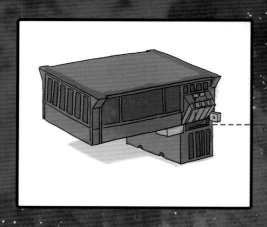

红外成像光谱仪

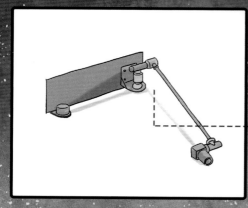

粒子激发X射线谱仪

测月雷达

月表浅层 100 米的精细结构；在玉兔的机械臂上还有一台精密的**粒子激发X射线谱仪**，可以获取月面探测点的主要元素，另外一台**红外成像光谱仪**可以研究月球的矿物成分。

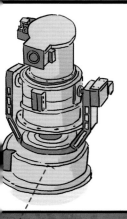
极紫外相机

↓

玉兔笔记

嫦娥三号和玉兔的作业清单

观天——观测天体，普查星星；

看地——探测地球周围的等离子层，更加了解地球；

巡月——研究月壤和月球地质结构及成分，顺便看看究竟有没有水。

这种周围泛着绿光的地球照片，你见过吗？

 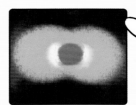

月基天文望远镜

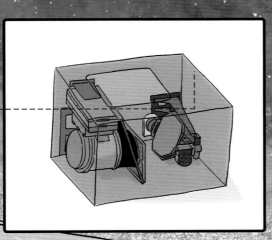

玉兔号和嫦娥三号在月球上共同工作了三个月，取得了丰硕的科学成果，圆满完成了科学家给它们布置的作业。它们把探测到的数据不断传回地球，为我们了解月球、地球和宇宙提供了帮助。为了纪念嫦娥三号的成功着陆，国际天文学联合会通过决议，将嫦娥三号着陆点周边区域正式命名为"广寒宫"，并将嫦娥三号降落时拍摄到的下方的三个撞击坑分别命名为：太微、紫微和天市。

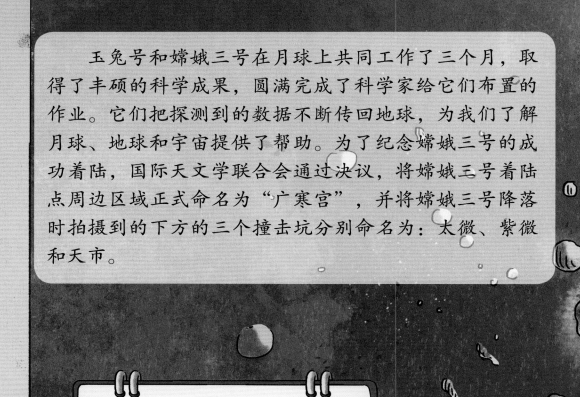

玉兔笔记

中国古代天文学家把天上的星空区域分为三垣二十八宿，并用地上的事物命名。垣和宿都指的是星星居住的场所。三垣指的就是太微垣、紫微垣和天市垣。

480m 太微

420m 紫微

● 广寒宫

470m 天市

玉兔号月球车在与嫦娥三号分开后，开始了一段缓慢的月球探索之旅。后来，它因为故障停下了。嗯，这是一个令人悲伤的故事……不过，令人骄傲的是，嫦娥三号探测器一直"活着"，时至今日，它依然可以通过天线向地面传回信息。它已经是历史上在月面存活最久的探测器了。好样的，嫦娥三号！

啊，我动不了了……

玉兔笔记

要是人类能去往月球，给嫦娥三姐装上个轮子，让她也能在月球上四处去走走、看看、探探，那该有多好啊。

图书在版编目（CIP）数据

飞吧，嫦娥 / 张智慧，郑永春著. — 北京 ： 北京时代华文书局，2021.7（2022.4重印）

（这就是中国 / 郑永春，张智慧主编. 中国探月）
ISBN 978-7-5699-4181-4

Ⅰ．①飞… Ⅱ．①张… ②郑… Ⅲ．①月球探索—中国—青少年读物 Ⅳ．①V1-49

中国版本图书馆CIP数据核字(2021)第089433号

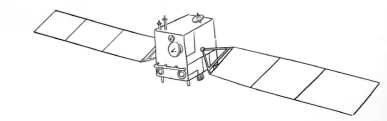

这 就 是 中 国 · 中 国 探 月
ZHE JIU SHI ZHONGGUO · ZHONGGUO TANYUE

飞 吧，嫦 娥
FEIBA，CHANG'E

著　　者丨张智慧　郑永春

出 版 人丨陈　涛
选题策划丨许日春
责任编辑丨许日春　石乃月　沙嘉蕊
特约编辑丨刘　阳
责任校对丨张彦翔
插　　画丨海丘文化
装帧设计丨孙丽莉　九　野
责任印制丨訾　敬

出版发行丨北京时代华文书局 http://www.bjsdsj.com.cn
　　　　　北京市东城区安定门外大街138号皇城国际大厦A座8楼
　　　　　邮编：100011 电话：010-64267955 64267677
印　　刷丨小森印刷（北京）有限公司
　　　　　（如发现印装质量问题，请与印刷厂联系调换，电话：010-80215073）
开　　本丨889mm×1194mm　1/16　印　张丨3　字　数丨41千字
版　　次丨2021年9月第1版　　　印　次丨2022年4月第2次印刷
书　　号丨ISBN 978-7-5699-4181-4
定　　价丨45.00元